Tb^{50} 44

OUVRAGE

DU

PROFESSEUR GALL,

SUR

CE QU'IL NOMME ORGANE,

LUMIÈRE QUE DONNE LE MENTOR POUR ÉCLAIRER
CET OUVRAGE.

Par Roux.

PRIX : UN FRANC.

A PARIS,

CHEZ L'AUTEUR, RUE GALANDE, 57.

1836.

Imprimerie de P. BAUDOUIN, rue Mignon, 2.

AVERTISSEMENT.

Sous l'empire des facultés, l'homme ne connaît qu'elles pour guide, et si son amour l'appelle à une science, qui, par sa structure, ne soit que secondaire, il s'égarera souvent, surtout si, par certaine lueur il se voit assuré du triomphe; car c'est alors qu'il croira n'avoir plus qu'à montrer l'industrie, la patience et le temps qu'il aura employé pour parvenir à sa découverte. Mais combien il sera surpris, lorsque cette science à laquelle il s'est adonné avec tant de soin et d'ardeur, s'échappera tout à coup, et le laissera sous la férule de la science première qu'il s'était imaginé n'être qu'une science idéale et nullement nécessaire à ses recherches. Telle a été la pierre d'achoppement qui a ôté à Gall une grande partie de son repos, de son mérite et des récompenses qu'on lui devait.

Je crois pouvoir dire hardiment que Gall est un des hommes qui a le mieux mérité de ses semblables. Sa lumière est pure, et les deux vies, qu'également il trouve dans l'homme et les animaux, présentent à tous une assurance claire que Dieu n'a rien voulu perdre de la création; mais que, faute de s'être initié dans la science première, Gall a perdu une partie du fruit de son travail, et au lieu des récompenses qu'il avait gagnées, il a été sur le point de végéter le reste de sa vie, et d'être la victime de l'ignorance.

Gall, pour arriver à la science qu'il s'était choisie, avait imaginé qu'il devait se défaire de tout l'enseignement qu'il avait reçu des hommes; que, par cette nouvelle manière, il surprendrait mieux le travail de la nature. Malheureusement il n'avait pas prévu que cette surprise ne suffirait pas pour expliquer entièrement son ouvrage, et qu'il resterait à court si la science première s'élevait contre lui; car Gall ne croyait surprendre que le travail d'une nature et non le travail de plusieurs; que non seulement il fallait les distinguer les unes des autres, mais encore présenter leurs véritables phénomènes.

Mais qui, à cette époque, aurait dit à Gall le nombre des natures existantes? Ceux qui l'ont attaqué n'en savaient rien, car s'ils les eussent connues, jamais ils n'auraient osé attaquer Gall.

Ce fut donc un malheur pour Gall de ne pas jouir de ses droits de nature, car avec ces droits il eût connu la science première ; et cette science, qui est la clef de toutes les autres, lui eût fait connaître qu'il y a trois natures, qu'il avait trouvé l'ouvrage de toutes trois, c'est-à-dire l'ouvrage de leurs produits.

Il eût connu aussitôt que la première nature se nomme terrestre, qu'elle seule est palpable, qu'elle produit les végétaux, les minéraux de même que les corps de l'homme et des animaux ; que la seconde se nomme instinct, que cette nature est impalpable, qu'elle emprunte à sa sœur terrestre les matériaux qui lui sont propres pour organiser le corps des animaux, et renferme dans la tête de chacun une portion d'elle-même, qui devient ensuite l'animal qui gouverne le corps dont il est enveloppé ; la troisième se nomme intelligente : cette nature impalpable comme sa sœur instinct, emprunte comme elle à sa sœur terrestre les matériaux qui lui sont propres pour organiser le corps de l'homme, et renferme dans sa tête une portion d'elle-même qui devient l'homme que le corps contient.

Gall, sans cette connaissance des trois natures dont je viens de parler, s'occupait simplement en Allemagne à montrer sa nouvelle coupe, tant sur les cerveaux de l'homme que sur ceux des animaux. Déjà les métaphysiciens et théologiens de l'Allemagne soulevaient contre lui les mots d'athée, fataliste et matérialiste, et, par leurs rumeurs lui empêchaient de continuer ses démonstrations, disant que sa tête, qui ne travaillait que dans les têtes, tournait toutes les têtes.

Gall, voyant qu'il ne pouvait se faire comprendre en Allemagne, vint en France, espérant trouver des hommes clairvoyans sur les dangers dont l'Allemagne s'embrunissait. Arrivé à Paris, il fut bien reçu de tous les philosophes et de tous les professeurs de sciences en général. Il fut accueilli par tous les talens et tous ceux qui avaient l'amour des sciences. Chacun était étonné de voir qu'il avait fait seul ce que la vie de deux hommes l'une après l'autre n'aurait pu faire ; enfin, tous, en l'applaudissant, le remerciaient des lumières nouvelles qu'il leur apportait.

Quand tout à coup le bourdonnement que Gall avait entendu en Allemagne se fit entendre dans tout Paris, Gall avait déjà fait plusieurs démonstrations dans cette ville, lorsque les matadors en métaphysique soulevèrent contre lui des cris de rumeurs, disant : il n'a pu rester en Allemagne, c'est un matérialiste dont les découvertes nous conduiraient au néant. Que veut dire cette recherche dans les têtes ? Devons-nous souffrir que l'homme soulève le voile qui couvre les secrets et les mystères de la création? La Religion dit que nous offensons Dieu de souffrir ce crime, que nous ne devons endurer une semblable audace sans nous compromettre nous-mêmes.

D'après les murmures qui allaient toujours croissant, il n'y avait pas de temps à perdre : aussi les philosophes et les savans professeurs entouraient Gall de même que son ardent défenseur M. D. Ce dernier prit la parole, disant : Messieurs, apaisez-vous un instant ; tâchons s'il est possible de nous entendre ; vous n'ignorez pas que tous les hommes, avec les meilleures intentions, peuvent quelquefois se tromper et n'être nullement criminels :

La Raison. — « J'entends que vous dites que Gall est un fataliste, un matérialiste, un athée ; quelle est, je vous prie, votre raison dans cette assertion ? »

La Théologie. — « La raison est que vous ne voyez pas où nous conduisent les deux vies que Gall trouve également dans l'homme et les animaux. »

Rai. — « Mais je crois voir par les deux vies que Gall a trouvées dans l'homme et les animaux, que toute la création est chère à Dieu, et qu'il veut que rien ne puisse se perdre ; il faut rendre honneur à Gall d'une aussi belle découverte. »

Thé. — « Rendre honneur à un homme qui a

découvert le néant où nous serons tous plongés dans le rien ! »

Rai. — « Ce mot néant n'est intelligible ni à vous ni à moi. Dieu, pour mettre au jour la création, a puisé ce dont il avait besoin dans les débris de la matière : d'abord la nature, puis l'homme, puis les animaux et toutes choses. Vous voyez nécessairement que tout est à Dieu, que tout appartient à Dieu, et que tout est Dieu. D'après cela, penser, présumer, croire qu'il existe un lieu, un endroit qui ne soit rien et n'enferme rien, c'est la pensée d'un fou. »

Thé. — « Gall est un fataliste, un matérialiste, qui a osé chercher dans les têtes ce que Dieu y a caché, et, de sa découverte, il nous sort l'espoir que Dieu, dans la création, avait distingué l'homme des animaux. »

Rai. — « Gall n'est ni fataliste ni matérialiste pour avoir trouvé deux vies dans l'homme et les animaux; c'est l'effet du moteur qui gouverne tout; combien d'hommes ont fouillé les têtes avant lui, et aucun n'a eu son bonheur; donc, au lieu de blâme, Gall mérite nos louanges et nos applaudissemens, pour la distinction de l'homme avec les animaux; Dieu l'a faite, mais les facultés orgueilleuses de l'homme ont éclipsé cette distinction. »

Thé. — « Je ne comprends point ce que les facultés peuvent éclipser à l'homme ; mais, loin de rendre hommage à Gall, la Religion dit qu'il a fait tout ce qu'il y a de plus coupable, qu'il s'est initié dans les secrets et les mystères. »

Rai. — « Mais, monsieur, la religion que vous professez serait-elle en opposition aux ouvrages et aux volontés de Dieu ? Dites-moi, je vous prie, à quoi servirait cette intelligence dont Dieu a formé l'homme si elle était bornée dans ses recherches. »

Thé. — « Dieu ne borne point l'homme dans ses recherches ; il laisse faire le mal ou le bien, et selon le choix la récompense ; mais il y a quelques siècles que la théologie eût appelé Gall à sa barre, l'eût reconnu impie et brûlé comme athée. »

Rai. — « Alors, dans ce monde, nos œuvres n'appartiennent pas à Dieu, c'est la théologie qui est chargée d'y faire droit, et, comme homme, dans un siècle éclairé, vous osez parler ainsi et rappeler les siècles de superstition et de barbarie qui seront toujours la honte de l'homme envers l'homme. »

Thé. — « Dieu a créé l'homme à son image et à sa ressemblance, et lui a donné la raison pour se conduire, et c'est avec cette raison que nous devons, par tous les moyens possibles, contraindre les hommes qui s'en éloignent à mourir si nous ne pouvons les ramener à leurs devoirs. »

Rai.—« Vous vous égarez de plus en plus, car loin d'être à l'image et ressemblance de Dieu, vous ne l'êtes pas même de votre nature, et si la Raison était votre partage, vous n'attaqueriez Gall qu'avec cette arme, et vous fuiriez cette licence qui, en vous trompant, vous conduit à détruire l'homme qui a travaillé pour tous. »

Thé.—« Vous vous égarez vous-même en soutenant Gall : vous soutenez le vice et le crime. »

Rai. — « En discutant, tâchons de nous entendre, s'il est possible, avant de continuer; remettez votre métaphysique sur le métier, et vous verrez sûrement qu'en voulant ternir la réputation de Gall, c'est la vôtre que vous rendrez ridicule. »

Thé.—« Ridicule ! tandis que je vous observe que Gall, par son affreuse doctrine, son épouvantable recherche, nous ravale au rang des animaux ; il est étonnant que vous ne voyiez pas cela comme moi. »

Rai.—« Je ne vois qu'une seule chose, c'est que Dieu ne veut pas que le plus petit objet de sa création soit poursuivi et méprisé d'une de ses créatures ; ensuite, c'est que depuis le second aliment, il n'y a point de différence entre l'homme et les animaux ; car ceux-là n'ont-ils pas comme nous les mêmes sens et les mêmes facultés : si nous avons, comme dit Gall, quelques organes de plus qu'eux, à quoi nous sert le plus sinon à nous rendre plus doux que les plus doux, ou plus tigres que les tigres. »

Thé.—« A vous entendre, l'homme et les animaux sortent de la même tige : qui dit homme dit bête, qui dit bête dit homme. »

Rai. — « Oui, c'est la stricte vérité : je ne fais aucune différence de l'homme aux animaux depuis le second aliment, époque où ses facultés lui éclipsèrent ses droits de nature, et le rendirent au-dessous des animaux même, puisqu'il peut être plus doux qu'eux et le plus féroce aussi. »

Thé. — « C'est la première fois que j'entends dire que les facultés de l'homme lui ont éclipsé ses droits de nature ; voudriez-vous bien m'expliquer ce que c'est que ces droits?

Rai.—« Je le ferais volontiers; mais les droits de nature qui seuls distinguent l'homme des animaux, je ne peux ni ne dois les détailler ici; mais je vous assure qu'en vous faisant entrer dans vos droits, ce sera plus que la moitié de vous-même que l'on vous rendra. »

Thé.—« Quand on ne connaît pas il est permis de douter; mais je crois que c'est pour me détourner de mes pieux desseins que vous me parlez de droits de nature, comme si la Raison seule n'était pas le signe par lequel Dieu a séparé l'homme de la bête. Je désirerais que vous répondissiez à cette assertion sans mensonge. »

Rai. — « Il y a long-temps que la Raison n'est plus l'aliment de l'homme : ce bien ne lui appartient pas plus que la vérité et la liberté. Ces trois aliments sont un produit du Mentor que les hommes nomment Conscience; mais il ne peut nous faire jouir de son produit que lorsque nous serons rentrés dans nos droits de nature; avant cette époque vous n'aurez que les noms, et, après la rentrée de vos droits, vous connaîtrez les choses. »

Thé. — « ..... Ah ! je vois que par votre métaphysique vous voudriez m'envelopper; mais soyez assuré qu'il y a long-temps que la théologie a su discerner toute chose, et que la science dont vous parlez nous est familière. »

Rai. — « Une croyance qui n'est pas vraie peut faire naître une conviction qui porte à la barbarie : tels ont été les siècles de la superstition; mais si vous parlez avec bonne foi sur la métaphysique, je ne puis éviter de croire qu'à tout âge l'on radote, surtout si l'on s'entête à soutenir une science quand on ne connaît pas le dérivé de son principe. Oui, la métaphysique est aujourd'hui ce qu'elle était au commencement du second aliment, c'est-à-dire idéale, et votre théologie, exercée par vos facultés, n'a jamais su for-

ger que des systèmes et des mystères. Je vous le
répète, il faut jouir de ses droits de nature pour
parler vrai sur cette science: alors la vérité qu'elle
produit est à jamais la clef de toutes les autres.

« Ne croyez pas que je cherche à vous offenser
en répondant ainsi à vos objections; mais il y a
si long-temps que les hommes ne s'accordent que
pour disputer, et que le fer et le feu ont été trop
souvent l'horreur de leurs accords; car nul homme n'a le droit de détruire son corps et encore
moins de détruire ou commander la destruction
d'un autre. Ce sont les siècles de fer qui ont conduit l'homme à ce désordre et à cette barbarie.
Nous devons ce malheur à la régie de nos facultés:
espérons donc enfin que les hommes réunis à leurs
droits de nature, cette réunion les amenera tous
à fraterniser; qu'ils ne rentreront plus dans les
siècles d'or, ne pouvant rétrograder, mais qu'ils
quitteront les siècles de fer pour venir à jamais
dans ceux de la raison. »

OUVRAGE DU DOCTEUR GALL

SUR CE QU'IL NOMME ORGANE.

—

Lumière que le mentor donne sous le nom de Conscience pour éclairer cet ouvrage.

Gall a démontré qu'il y avait dans la tête de l'homme vingt-six ou vingt-sept organes, et qu'à l'exception de quelques uns que les animaux n'ont pas, ils sont décorés de tous les autres, lesquels organes sont distribués à chacun d'après leurs capacités et leur espèce, c'est-à-dire que chaque organe nécessaire à l'espèce, est placé dans sa tête comme les tuyaux d'orgue sont arrangés dans la cause ou buffet qui les contient : cependant comme il ne s'ensuit pas que l'orgue ait la faculté par lui-même de mettre ses tuyaux en activité, et que de toute nécessité il lui faut un agent pour les mettre en harmonie, de même le corps de l'homme comme celui des animaux, ne sont que des instruments comparés à l'orgue, auxquels il faut, à eux comme à lui, un agent qui les détermine.

Tous corps sont organisés, mais tout ce qui sert à leur organisation ne doit pas avoir le nom d'organe, si l'on veut s'entendre : chaque objet d'un corps doit donc avoir un nom qui lui distingue sa qualité et sa propriété, vu la marche et l'usage dont il diffère des autres.

Le nom d'organe ne doit être donné qu'aux nerfs qui contiennent les sens, afin que le principe intelligent ou instinct puisse les employer à prendre les aliments du dehors pour les porter au dedans de lui : tous les autres objets qui composent l'organisation d'un corps qu'on ne peut qualifier de nerfs, ne doivent pas être nommés organes.

C'est pourquoi lorsque l'on dit organes, l'on ne doit entendre que les nerfs, attendu qu'il n'y a qu'eux qui doivent contenir les sens ; aucuns ne leur sont indépendants, tous sont indubitablement occupés par eux : le principe actif étend donc ses sens dans tous, lorsqu'il le veut ; sans cela, comment pourrait-il faire jouer chacun des nerfs en particulier, et même quelquefois tous ensemble.

Les dix paires de nerfs étendent donc leur branches dans toutes les parties du corps et le chevelu fourni par toutes les branches est innombrable ; pourtant chacun d'eux, retenu aux branches dont ils dépendent, a une occupation différente même de sa tige : ainsi la soumission de l'un, dans la marche que le principe actif le force à déployer, doit le distinguer par un nom qui le diffère de la soumission des autres, ainsi que de sa place respective.

Gall nomme organe le cerveau et le cervelet de l'homme et des animaux : par ce nom il s'est mis dans l'impossibilité de donner une marche claire sur la vérité de sa découverte; il a même reconnu deux différentes vies dans l'homme et dans les animaux, et n'a su comment prononcer leurs différences : aussi les opinions se sont-elles partagées; les uns ont cherché à connaître quelles étaient les occupations de l'âme, les autres ont conçu que tout le pouvoir était dans les organes, et ont considéré le cerveau comme moteur des effets intellectuels.

Pourtant Gall ne pouvait point accorder à l'âme ce qu'on désirait de lui : la raison en était simple; il voyait également deux vies dans l'homme et les animaux, et comme l'on a établi que l'âme est active dans l'homme et passive dans les animaux, sur quel point devait-il s'arrêter? Ne sachant que faire, il a déclaré que les deux vies qu'il avait trouvées également dans l'homme comme dans les animaux, étaient, dans l'un comme dans l'autre, toutes deux périssables, ne se permettant point de définir l'âme qui n'était point de la compétence de son travail, surtout d'après la décision de la majeure partie des hommes, qui sans doute ont reconnu que l'âme était passive dans les animaux, que la mort ne la respectait que dans l'homme.

Malgré que le célèbre Bonnet dise qu'une intelligence qui connaîtrait à fond la mécanique du cerveau, qui verrait dans le plus grand détail tout ce qui s'y passe, lirait comme dans un livre, ce nombre prodigieux d'organes infiniment petits, approprié au sentiment et à la pensée, serait pour cette intelligence ce que sont pour nous les caractères d'imprimerie; nous feuilletons les livres, nous les étudions : cette intelligence se bornerait à contempler les cerveaux.

Sans doute que Gall a vu, comme le célèbre Bonnet, qu'un corps ne peut former des caractères qui lui soient parfaitemens inutiles, puisqu'il n'y a qu'une intelligence qui puisse les déchiffrer; mais une âme n'est pas une intelligence, puisque cette âme ne vit qu'avec l'homme, et meurt avec les animaux.

L'on ne doit donc pas trouver à redire au travail de Gall; l'ouvrage qu'il a démontré est au jour; il laisse aux hommes le soin de s'accorder ; car il a vu également deux vies dans les uns et dans les autres, mais imbu de la philosophie ancienne et nouvelle qui établit une des deux vies immortelles dans l'homme et toutes deux périssables dans les animaux ; dès-lors, Gall n'a reconnu dans l'homme qu'un orgueil qui détermine tout pour lui, et n'accorde rien à qui n'est pas son espèce.

Mais, si quelqu'un eût dit à Gall : un être est un

être, visible comme invisible ; et aucun être ne peut exister sans l'aliment qui lui est propre, Gall eût ouvert les yeux, et si ce quelqu'un eût ajouté : ce sont tous les divers alimens des êtres que l'on doit nommer âme, Gall, sans changer la marche de ses recherches, les eût démontrées bien autrement.

Il eût commencé par faire voir que les corps ne pouvaient exister qu'avec des alimens palpables comme eux ; que le principe actif, qui est le moi, l'intelligent, l'homme, de même que le principe actif qui est le moi, l'instinct, l'animal doivent avoir les uns et les autres, pour exister, des alimens impalpables comme eux ; que le corps n'est qu'un instrument, et qu'un instrument n'est pas un agent qui se détermine lui-même ; que cet agent c'est l'être intelligent qui dispose de son corps, de même que l'être instinct dispose du sien.

Ayant fait connaître ensuite que les mots âme et aliment étaient synonymes, que tous deux signifient vie ou mouvement, il eût démontré que la vie du corps est une vie fermentative qui dépend des alimens palpables dont il fait usage ; que tous corps doivent rentrer dans le domaine de la nature terrestre, comme objets palpables qu'elle a seulement prêtés ; que l'être intelligent, de même que l'être instinct n'étant pas de son domaine, jouissant l'un et l'autre d'une vie active provenant de leurs alimens impalpables, que ces alimens aussi légers qu'eux leur donnent le pouvoir de se transporter d'un lieu à un autre, et d'y transporter leurs corps, et que la mort qui éteint les corps, ne peut les atteindre et par conséquent détruire l'être intelligent pas plus que l'être instinct.

Dans la création, ce que Dieu a prêté il faut le rendre, mais ce qu'il a donné c'est pour toujours; sans cela que signifierait le mot créé, si quelque chose de la création pouvait s'éteindre; les êtres parcoureront l'immensité selon leurs acquisitions et les devoirs qu'ils auront eu à remplir, et tous les objets de la nature terrestre en feront l'ornement; ce monde durera toujours, et jamais la matière ni les natures n'arrêteront leurs travaux : tel est le dire de la Conscience. Elle ajoute : que deviendrait leur puissance si leurs ouvrages tarissaient.

Gall, revenant ensuite au nom d'organes qu'il a donné aux nerfs et au cerveau, revenant, dis-je, sur ses pas, s'il eût donné au cerveau le nom de Répertoire, il eût dit que l'homme est un être actif et intelligent, et que les animaux sont des êtres actifs et instincts, que les uns et les autres étaient les moteurs des caractères qu'il apercevait dans les cerveaux; que tous les répertoires étaient employés par eux au fur et à mesure des acquisitions qu'ils faisaient ; que les animaux étaient bornés selon leurs espèces ; mais que l'enfant instruit, en devenant homme, n'a de bornes pour l'élévation du plus ou moins de ses répertoires que la volonté de son choix, c'est-à-dire son goût, désir, amour et passion.

Voilà ce que Gall eût dû nous enseigner ; il eût alors fait taire les hommes qui étaient contre lui, en leur portant une lumière qu'ils ne connaissaient pas.

Mais quel homme eût osé dire à Gall que l'âme est un aliment, que le cerveau est un répertoire ? Nulle instruction ne donnait cette découverte, et il ne fallait pas seulement le dire, il fallait le prouver ; il fallait pour cela un être isolé des méthodes reçues ; c'est-à-dire un être qui ne s'en rapporte ni aux observations ni aux comparaisons sans nombre suscitées par le dire et la lecture des ouvrages des hommes, tant sur Dieu que sur tout ce qui existe dans l'univers ; il fallait un homme qui n'eût que la conscience pour guide, afin qu'apprenant tout d'elle, il pût être conduit en résultat à ne plus voir dans l'ouvrage des hommes que systèmes, mystères, erreurs, désordres et fausses marches dans toutes les découvertes de science première qu'ils ont faites jusqu'à ce jour.

Les hommes se sont plu à croire qu'à l'aide de leurs facultés, ils s'alimenteraient des fruits de vérité, de raison et de liberté, et lorsqu'on les questionne sur un de ces mots, nul ne peut y répondre, et démontrer d'où les fruits dérivent; tous sentent qu'il leur manque quelque chose pour bien expliquer et définir les choses.

En effet, nous voyons que ce que tous les hommes ont imaginé, ce qu'ils ont dit ou écrit depuis qu'ils font usage du second aliment, soit qu'ils aient élevé leurs pensées, leurs réflexions et leurs jugemens sur l'existence de Dieu, matière, univers, nature, homme, éternité, éternel, immortel, cause, principe, conscience, vertu, âme, vérité, raison, liberté, égalité, fraternité, et une infinité d'autres mots dont ils ont construit l'univers et l'édifice du monde, n'importe tous leurs efforts, n'ont produit que systèmes et chaos, attendu que les facultés dont ils sont doués ne peuvent ni ne doivent aller au delà, et la métaphysique, base et clef de toutes les autres sciences, n'a été et n'est encore qu'un labyrinthe par lequel les facultés précipitent l'intelligence, laquelle sans ses droits naturels, ne trouvera aucune issue pour en sortir.

Il faut que l'être intelligent recouvre ses droits de nature, s'il veut sortir du labyrinthe où l'ont plongé ses facultés : dès-lors, éprouvant une vie nouvelle, il rentrera en harmonie avec l'univers ; il connaîtra l'ordre, la combinaison et la marche de toutes choses ; il saura pourquoi il est né, à quelle fin il est réservé ; il distinguera le bien du mal et en prévoira les nuances sans faire erreur : c'est ainsi que vérité, raison, liberté, feront sortir l'être intelligent du rang des animaux, et par l'acte de ses droits, il connaîtra et reprendra le titre d'homme tel que la création l'a voulu.

L'auteur de ce petit ouvrage sur Gall espère que cette petite brochure, qu'il fait pour son compte, sera bien accueillie, et qu'elle lui procurera suffisamment d'argent pour l'aider, ainsi que ses associés, à mettre au jour l'ouvrage suivant, sur l'existence de Dieu dans son tout, la matière, la création, ce que veut dire le mot créer, le départ de Dieu dans son tout, ce que Dieu a fait de la matière, de l'univers, s'il a été fait d'un seul jet, si l'on y travaille encore, si l'on y travaillera toujours ; les natures, et où Dieu les a puisées.

L'ouvrage en détail de toutes les natures, les moyens qu'elles ont employés pour commencer toutes choses et leurs emplois actuels, les végétaux, les minéraux et les animaux ; il peindra l'homme et la structure de son enveloppe, ses droits, ses devoirs, son guide ou Mentor appelé conscience ; la femme, le mariage, la cité, et dira comment et par qui l'organisation de chaque être et chaque objet ont eu lieu.

L'auteur se propose de faire environ vingt cinq livraisons, qui se suivront de vingt à vingt-cinq jours, à raison de 1 franc la livraison.

J'entends souvent assurer qu'on ne peut faire de résumé de philosophie, parce que tous les grands hommes se sont séparés les uns des autres dans la leur.

Voici pourtant un résumé de philosophie que je crois propre à tous les hommes.

Veux-tu que la philosophie soit un profit,
Honore les biens de la vie, te dit l'esprit;
Fais présider Conscience, et prends son choix?
C'est le sens de prévoyance d'après les lois.

Reconnais donc avec cinq sens pour te servir,
Que pas un d'eux ne sait prévoir, pour bien choisir;
L'amour penche la balance sur ta passion,
Pour les biens que tu convoites sans la Raison.

Raison dit qu'Antropophage est un athée,
Qui n'admet ni Dieu ni ordre, c'est un prothée;
Il se croit roi de la terre et de son bien;
Garde-toi de ce faux frère, c'est un vaurien.

Astuce, ruse, bonhomie, c'est son savoir,
Depuis que tes droits naturels sont sans pouvoir:
La licence, l'hypocrisie de ce pédant
Ne voudraient voir qu'un esclave en te voyant.

Répudie toute jactance de ce menteur,
Qui n'a conduit ta jeunesse que dans l'erreur;
Prie ardemment Conscience, et sur la foi,
Réclame les droits naturels qui sont à toi.

C'est par tes droits de nature que tu seras
Libre, vrai et raisonnable; lors tu verras
La licence devenir nulle, et par respect
L'athée trembler, rendre armes à ton aspect.

Vérité, Raison, Liberté, ce sont des fruits
Provenant de Conscience, sont ses produits;
Demande avec constance à ce mentor
Si ce n'est pas philosophie des siècles d'or.